PHYSIOLOGIE

DES

RUES DE PARIS.

Imprimerie de HENNUYER et TURPIN, rue Lémercier, 24.
Batignolles.

PHYSIOLOGIE

DES

RUES DE PARIS,

PAR LE BIBLIOPHILE JACOB;

SUIVIE

DE NOTES ET RENSEIGNEMENTS

ET D'UN PLAN DE PARIS ET DE SES FAUBOURGS,

CONTENANT

tous les changements survenus jusqu'à ce jour,

PAR CH. PIQUET,
Ingénieur ordinaire du Roi.

PARIS,

MARTINON, RUE DU COQ-SAINT-HONORÉ, 4,

BUREAU DU MUSÉE DES FAMILLES,
rue Gaillon, 4.

1842

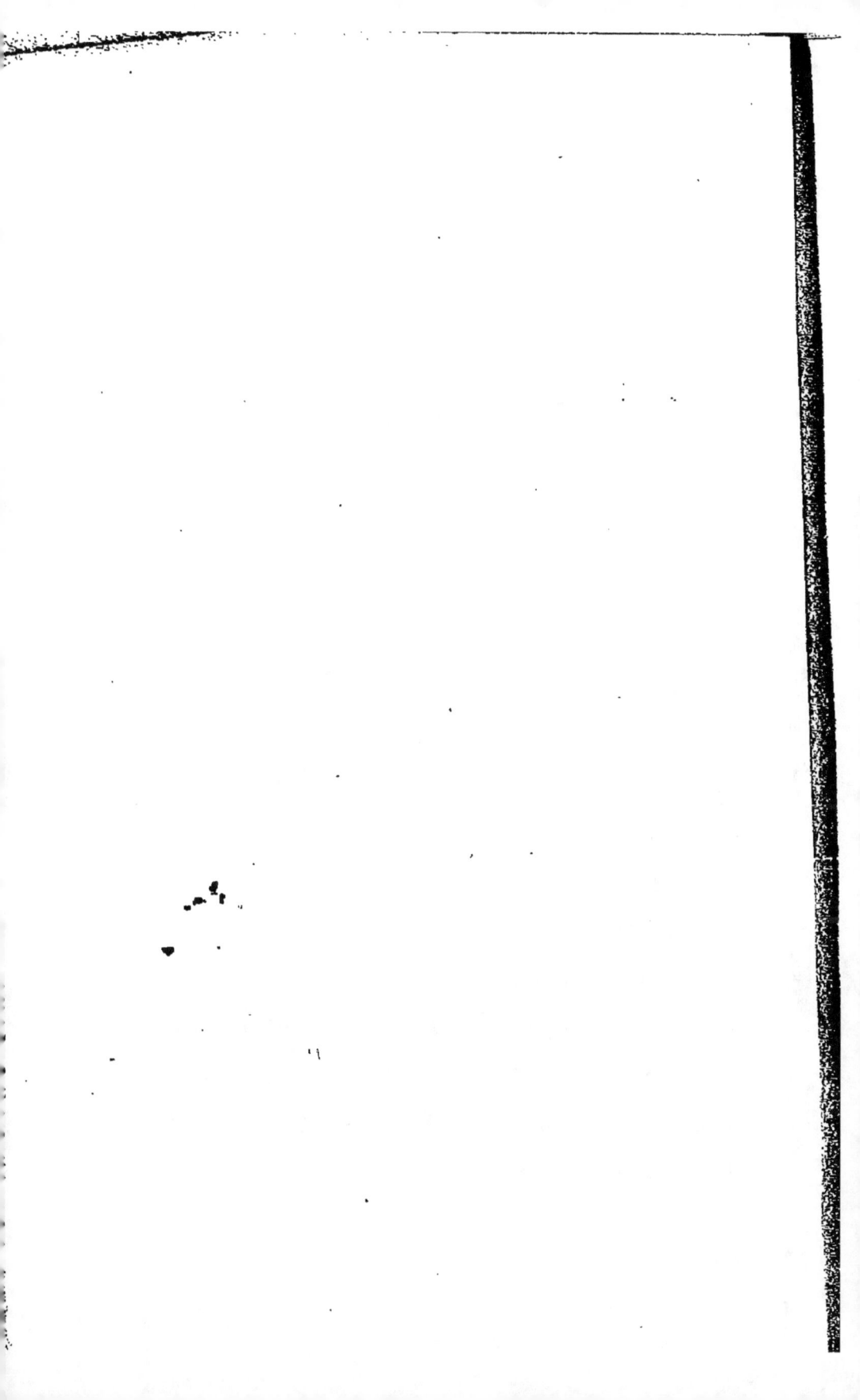

PHYSIOLOGIE

DES

RUES DE PARIS.

Nous avons vu percer des rues là où s'entassaient les maisons, ici où verdoyaient les jardins; de nouvelles rues ont donné du jour et de l'air aux vieux quartiers; de nouvelles rues larges comme des voies romaines se sont ouvertes dans des quartiers tout neufs; chaque année la grande ville, qui déborde son enceinte de toutes parts, multiplie les mille détours de son labyrinthe boueux, et la naissance d'une rue n'est guère plus remarquée que celle d'un enfant.

Ce n'est pas tout de naître, encore faut-il être baptisé en pays chrétien ; et de même que les cloches de paroisse sous les auspices d'un parrain, toute rue naissante reçoit un nom avec autorisation de la municipalité, nom splendide ou obscur, qu'elle porte écrit au front en lettres rouges ou blanches ; c'est une sorte de registre de l'état civil qui constate aux yeux des passants ce nom que la pluie et le soleil n'effaceront pas, mais bien peut-être les révolutions : la rue née *Charles X* est dédiée maintenant à *Lafayette*.

Quant à la rue elle-même, elle vivra et vieillera ainsi qu'un homme ; elle aura des rides à ses murailles noires et décrépites ; elle assistera immobile au passage de bien des générations et de bien des événements ; à peine perdra-t-elle quelques cheminées que lui emporteront les

ouragans ; mais ses pavés auront beau se
soulever et les tuiles pleuvoir de ses toits,
elle gardera son nom , pourvu qu'il ne
soit ni politique ni religieux, car les saints,
aujourd'hui , sont aussi peu stables dans
leurs niches que les rois sur leurs trônes,
et la République française les avait chas-
sés impitoyablement des rues de Paris
comme les lépreux du moyen âge.

Cependant ces noms de rues, que donne
ou consacre tous les jours la préfecture,
n'ont la plupart aucun retentissement,
aucune sympathie dans le peuple, qui les
adopte avec indifférence et qui les res-
pecte par habitude.

Avant la révolution, prendre un nom
de terre, ne fût-ce qu'un champ de bette-
raves ou un bouquet d'arbres , c'était la
gloriole de la noblesse ; maintenant on se
fait honneur de graver son nom à l'angle

d'une rue : la vanité devient populaire ;
en fait de *parrainage*, autant vaut avoir
une rue qu'un sot pour homonyme ; d'ail-
leurs on se rapproche par là de la royauté,
qui pose toujours la première pierre d'un
monument qu'elle ne construira pas, et
qui se réserve de marquer à son coin une
place d'armes avec une statue qu'on fon-
dra plus tard en canons ou en gros sous.

Les rues que la ville fait ouvrir pour
salubrité ou commodité publique tiennent
souvent leurs noms de la flatterie admi-
nistrative : c'est un chef de division, un
membre de commission, un député, un
pair de France, qu'on attache à ce pilori
au-dessus de la borne, et le glorieux parrain paye les dragées du baptême. Tout
préfet de la Seine, après trois mois d'exer-
cice, doit laisser en souvenir de lui au
moins un nom octroyé à quelque cul-de-

sac, quoiqu'on ait tranché la querelle des mots *impasse* et *cul-de-sac* en les supprimant tous deux par arrêté de la voirie, sinon de l'Académie.

Il fut un préfet d'honnête et paterne mémoire, lequel parsema sa famille et ses amis dans toutes les rues tracées de son temps : on peut dire à son éloge qu'il n'est pas de nom plus connu des cochers de fiacres.

Tous les baptiseurs de rues ne sont pas préfets ; il y a des banquiers et des marchands : ces derniers ne se contentent plus de nommer les passages qu'ils entreprennent à grands frais ; ils achètent des terrains, ils bâtissent, ils dépensent, ils se ruinent, et tout cela pour se pavaner devant l'écriteau d'une rue, comme ils faisaient devant leur enseigne au bon temps de leur commerce. Ah ! si l'opinion pu-

blique avait encore le droit de baptiser
les rues!

Le dix-septième siècle avait nommé
force rues royales où le grand roi mon-
trait le bout de l'oreille; le dix-huitième
fit des rues littéraires et philosophes; le
dix-neuvième a commencé le baptême des
rues par des victoires; mais à présent
c'est l'argent seul qui baptise nos rues,
nos places et nos boulevards : or l'argent
se nomme Véro ou Dodat.

Ce serait une belle pensée que d'illus-
trer chaque rue par un nom illustre qui
éveillât dans l'esprit le plus sourd un écho
de gloire et d'admiration : on pourrait ré-
sumer les annales des arts, des lettres,
des sciences, du crime et de la vertu, avec
des noms d'hommes inscrits à la tête des
rues, aussi noblement que sur les tables
de bronze du Panthéon. Les *Piliers des*

Halles, où naquit Molière, accepteraient avec orgueil le nom de ce grand comique ; Lekain léguerait son nom à la rue de *Vaugirard*, où il mourut ; la rue de *Bièvre* qu'immortalisa le séjour de Dante, la rue du *Marché-Palu* où demeurait le poëte Martial d'Auvergne, la rue *Béthisy* où fut massacré Coligny, la rue des *Fossés-Saint-Germain-l'Auxerrois* où fut empoisonnée Gabrielle, la rue de la *Tixeranderie* où logeait Scarron, la rue de l'*École-de-Médecine* où Charlotte Corday poignarda Marat, la rue du *Coq-Saint-Honoré* où Jean Châtel tenta d'assassiner Henri IV, la rue *Saint-André-des-Arts* où était la maison du traître Périnet Leclerc, la rue *Marivaulx* où Nicolas Flamel exerçait son métier d'écrivain ; toutes ces rues revendiqueraient les noms des hommes célèbres qu'elles ont possédés autrefois ; plusieurs d'elles néanmoins seraient mal famées et désertes à cause du nom que leur imposerait la tradition inexorable : on n'oserait plus passer qu'en tremblant dans les rues Marat et Ravaillac.

Voilà pourtant comme nos ancêtres entendaient les noms des rues de la Cité, Ville et Université de Paris : ces noms étaient une récompense ou bien une punition, un éloge ou une infamie ; souvent le caractère moral de la rue avait part au sobriquet que lui attribuait la voix du peuple ; ordinairement elle énonçait dans son titre, ou son aspect physique, ou son genre de commerce, ou l'enseigne la plus remarquable de ses boutiques ; quelquefois les bienfaits d'un riche paroissien se trouvaient rémunérés après sa mort par le legs de son nom fait à la rue encore pleine de sa mémoire : le peuple avait seul le privilége de nommer ses rues, de même que la noblesse nommait ses hôtels.

Pendant des siècles, les rues ne portèrent pas de noms précis. On les distinguait entre elles à des indications plus ou moins vagues et plus ou moins prolixes. On disait : « la rue qui va du Petit-Pont à « la place Saint-Michel » (vis-à-vis une chapelle de Saint-Michel qui existait dans la rue de la *Barillerie*) pour désigner la rue de la *Calandre ;* il y avait seulement la rue du Petit-Pont et celle du Grand-Pont qui traversaient la Cité ; les autres, peu nombreuses il est vrai, étaient désignées de diverses manières, tantôt par le nom de l'église la plus proche, tantôt par le nom du principal bourgeois, tantôt par quelque particularité locale, un puits, une fontaine, une tour, une notre-dame, un crucifix, que tout le monde connaissait d'enfance ; car, en ces temps-là, on naissait, on vivait, on mourait dans la même maison et dans la même rue.

La formation des rues avait été lente et progressive, depuis qu'aux cabanes rondes et grossières de la primitive Lutèce eurent succédé les maisons plus vastes et plus commodes du Paris des rois francs : ces maisons, d'abord basses et séparées par des cours ou des celliers, tendirent toujours à se rapprocher les unes des autres, et à s'exhausser à l'envi, jusqu'à ce que la rue, pressée de chaque côté par les habitations qui l'envahissaient, déroulât péniblement ses replis sinueux dans une atmosphère sombre et fétide : la population manquait d'espace et de jour dans son berceau de la Cité.

Quand la Cité déversa ce trop-plein d'habitants sur les deux rives de la Seine, les maisons semblaient sortir de terre ; et bientôt deux jeunes villes poussèrent au nord et au midi de l'ancienne, comme ces rejetons vigoureux qui ombragent la tige maternelle.

Alors les rues naissaient au hasard, sans ordre, sans lois, et presque sans but : une maison s'épanouissait, un matin, au soleil, toute blanche du plâtre de Montmartre et des pierres d'Issoire ; elle s'entourait d'une treille, d'un verger, d'un champ de roses, d'une étable et d'un appentis : aussitôt une seconde maison venait s'ébattre joyeusement en face de la première venue, qu'elle attristait de son ombre ; puis, une troisième maison se plantait auprès de ces deux voisines, parfois entre elles, comme pour leur disputer l'air qu'elles respiraient ; ensuite une quatrième accourait à l'appel de celle-ci ;

une cinquième approchait cherchant compagnie ; une sixième, une septième, et le reste, germaient, grandissaient et prospéraient à l'entour, chacune gagnant du terrain pied à pied, se déployant et se haussant de toutes ses forces aux dépens des autres pour avoir la meilleure part de soleil.

Voici la rue qui se forme suivant le caprice des propriétaires, obligés de se réserver mutuellement un chemin pour arriver chez eux, à moins qu'un plus puissant, *familier* de la maison de l'évêque, de l'abbé ou du prince, un simple marguillier peut-être trônant au banc d'œuvre de la paroisse, ne s'avise d'arrêter les progrès de cette rue en se jetant au travers : ainsi la rue sera close à son extrémité, et s'appellera *rue sans chef.*

Les rues n'avaient pas encore de nom,

ou plutôt elles prenaient tous les noms qu'on voulait bien leur donner, et n'en gardaient aucun de préférence; car elles n'appartenaient point encore au roi, ni même à la ville, puisque les habitants avaient le droit de s'opposer au passage des voitures et des piétons, en défendant l'entrée de leur rue par une barrière, par des portes qu'on fermait la nuit, même par des tourelles et des fossés.

Certes l'aspect de ces rues du onzième siècle ne ressemblait guère au Paris moderne : elles se développaient tortueusement, étouffées entre des murs couleur de suie faisant le ventre et surplombant de toute leur hauteur; ces maisons, qui avaient les pieds dans la fange et la tête dans la fumée, se détournaient de la voie publique comme pour éviter un objet désagréable, et leur étroite façade coiffée

2

d'un pignon pointu n'avait à chaque étage qu'une fenêtre unique, obscurcie de treillis de fer et de petits vitraux plombés ; le jour ne pénétrait jamais par là.

Quant à ces rues ténébreuses et méphitiques où les pourceaux grognaient parmi les immondices, où les canards gloussaient dans les mares, où les chiens hurlaient en s'arrachant des lambeaux de charogne, elles n'étaient que les avant-cours des maisons et les sentines du peuple : çà et là des cloaques infects, des égouts délétères, que l'on devine avec horreur à leur nom générique de *trou punais* ; un cimetière côte à côte avec un marché ; un dépôt d'animaux morts en putréfaction ; des *places aux chiens* et *aux chats*, où les petits enfants allaient jouer à la *cligne-musette* ; enfin des gueux en haillons, accroupis à la porte des hôtels,

attendaient les reliefs de la table, ou, cou-
chés sur les montoirs de pierre, dormaient
à l'odeur de la cuisine.

Ce hideux tableau changea du moment
que Philippe Auguste, mieux conseillé
que ses devanciers par la puanteur qui
avait offensé son odorat royal, commanda
que ces rues fussent pavées de *grès gros
et forts :* la voirie étant instituée pour pré-
sider à ces travaux d'assainissement, les
noms de rues commencèrent à se fixer
par suite des listes qui furent dressées à
cette occasion, et qui servirent de base à
toutes les opérations du voyer. Cependant
une même rue était encore citée sous plusieurs noms différents dans le peuple,
dans les cartulaires des églises, dans les
registres de la prévôté : ainsi le peuple
choisissait un nom indécent ou trivial, le
rédacteur ecclésiastique un nom de saint

ou de sainte, le greffier municipal le nom
que l'ancienneté légitimait à ses yeux.

Souvent même le déplacement d'une
lettre dans le nom originaire produisait
une consonnance différente qui se modi-
fiait à l'infini en passant de bouche en
bouche ; de sorte que le sens de ce nom
devenait inintelligible, ou s'éloignait de
son étymologie par des transformations
successives.

Car les noms de rues étaient aussi mo-
biles que l'à-propos de leur création. Un
caiman ivre, demandant son pain de porte
en porte, pouvait imposer un nom dés-
honnête ou burlesque à la rue la plus re-
commandable par la condition de ses habitants et par la virginité de ses mœurs ;
la protection d'un bienheureux, si puissante au ciel, était impuissante ici-bas
contre le *blason* injurieux, impie ou or-

durier que la fantaisie populaire attachait à une rue chaste, pudique et dévote jusque-là : or, il en était des rues comme des hommes; on les jugeait sur l'étiquette; leur surnom devait être le signe infaillible de leur naissance, de leur naturel, de leur état, en un mot, tout leur portrait physiologique.

A coup sûr pourtant les désappointements et les erreurs étaient alors moins graves et moins fréquents qu'aujourd'hui : l'étranger qui aurait cherché des roses dans la rue *Champfleuri*, et du raisin dans la rue des *Vignes*, n'y eût rencontré que des ordures et des filles publiques ; on aurait couru risque de battre tous les quartiers de Paris, avant de découvrir la rue *Tirouanne*, qui se nommait aussi *Pirouette*, *Petonnet*, *Tironne*, *Perronnet*, *Therouanne*, *Pierret de Terouenne*, etc.

mais chaque classe de marchands ayant sa rue spéciale, on était sûr de trouver les tisserands rue de la *Tisseranderie*, les corroyeurs rue de la *Corroyerie*, les drapiers rue de la *Draperie*, les lingères rue de la *Lingerie*, les orfévres rue *Saint-Éloi*, les bouchers rue des *Boucheries*, les tonneliers rue de la *Tonnellerie*, les poissonniers rue de la *Poissonnerie*, les verriers rue de la *Verrerie*, les armuriers rue de la *Heaumerie*, les changeurs au *pont au Change*, les potiers rue de la *Poterie*, les mégissiers rue de la *Mégisserie*, les pelletiers rue des *Fourreurs*, les blanchisseuses rue des *Lavandières*, les tabletiers rue de la *Tabletterie*, les fromagers rue de la *Fromagerie*, les charrons rue de la *Charronnerie*, les cordonniers rue de la *Cordonnerie*, les cordiers rue de la *Corderie*, les parcheminiers rue de la

Parcheminerie, les jongleurs rue des *Mé-nétriers*, les usuriers rue des *Lombards*, les fripiers rue de la *Friperie*, les écrivains rue des *Ecrivains*, etc.

Allez donc à présent, sur la foi des noms, vous loger rue *Gracieuse* dans le faubourg Saint-Marceau, cueillir des cerises rue de la *Cerisaie*, voir l'heure rue du *Cadran*, vous coucher sur l'herbe dans la rue *Verte*, attendre l'arrivée de la marée dans la rue *Poissonnière*, acheter du fourrage rue du *Foin*, et admirer des merveilles dans une des trois *Cours des Miracles*, où le fumet du Grand-Coësre n'est pas même resté, où les truands et les cagoux sont remplacés par de dignes héros de la garde nationale !

Il faut l'avouer, presque tous les noms de rues ont été revus et corrigés : un conseil de prud'hommes, pénétrés de la

haine que Voltaire professait pour l'igno-
ble mot de cul-de-sac, a nettoyé la ville
des sales et malhonnêtes dénominations
qui n'offensaient pas les oreilles de nos
naïfs aïeux : la rue *Tireboudin*, qui avait
déjà subi une variante notable dans sa ter-
minaison par respect pour Marie Stuart,
a pris le nom de cette reine de France,
qui avait rougi en l'entendant nommer ;
la rue *Merderel* n'a pas changé seulement
de nom en devenant rue *Verderet*. Toutefois, l'antiquaire le plus dépourvu de
préjugés ne saurait se plaindre que la rue
Breneuse soit métamorphosée en rue
Pagevin.

Adieu bien des origines singulières,
bien des légendes et des faits historiques
qui ne reposaient plus que sur un nom
de rue détérioré par les années, comme
ces médailles frustes rongées de vert-de-

gris, à travers lequel on peut encore
apercevoir une empreinte et deviner une
inscription à grand renfort de lunettes et
d'imaginative! adieu vos lettres de noblesse, ô rues, ruelles et culs-de-sac du
Paris si puant, si pittoresque et si fantas-
tique de nos pères!

Le vieux Paris n'existe déjà plus : tous
les jours il disparaît sous le nouveau ; et
çà et là quelques auvents en saillie, quelque tourelle avancée, quelque voûte sur-
baissée, quelque boutique noire et pro-
fonde, quelque ogive oubliée, se montrent
à peine à nos regrets, ainsi que, dans une
tempête, le navire qui sombre disperse
au gré des vagues ses débris auxquels se
suspend un malheureux, tandis que le
faîte des mâts se dresse encore au-dessus
de l'abîme. Les débris du vaisseau, ce
sont les noms des rues ; les mâts, ce sont

les tours de Notre-Dame ; et nous, pauvres archéologues, attachons-nous aux reliques de ce grand naufrage.

Il ne s'agit pas ici de ressusciter les noms de rues défunts, ensevelis dans le tombeau archéologique du vieux Paris, ou de les arranger symétriquement tels que des os de morts dans les Catacombes ; il faut les laisser dormir en paix parmi les Recherches de Sauval et de Jaillot, jusqu'au jugement dernier de l'histoire de Paris. Mais les rues vivantes, séculaires ou nouvellement nées, dont la généalogie a été reconnue et admise par les archivistes de la préfecture, toutes rues ayant écriteaux, bornes et réverbères, peuvent être classées d'après leurs noms, aussi exactement que les plantes d'après leurs genres et leurs familles en botanique. C'est la seule ressemblance possible entre une rue et une fleur.

On doit reconnaître d'abord les noms de ces rues communes à la plupart des villes du moyen âge : les rues attribuées aux bains, aux juifs et à la débauche; car les *femmes folles* et les juifs surtout se trouvaient toujours séparés du reste de la population, et les rues qu'ils habitaient par ordonnance royale ou communale étaient infâmes comme eux. On craignait la contagion morale non moins que la peste et la ladrerie : les lépreux demeuraient hors des villes, où ils n'entraient qu'en évitant de toucher et même de regarder les passants dans la rue : les pestiférés étaient isolés dans leurs maisons, dont ils ne sortaient pas, sous peine de mort ; quant aux juifs, signalés à la malédiction populaire par la rouelle de drap jaune qu'ils affichaient sur leurs habits , ils couraient risque d'être battus, dépouillés , peut-être massacrés , en se montrant dans les rues. Les filles publiques qu'on surprenait hors de leurs *clapiers* en plein jour , ou parées d'étoffes de soie , de fourrures de prix , de bijoux d'or et d'argent, encouraient l'amende et la prison. Nul chrétien ne voulait être confondu avec les juifs , nulle honnête femme, avec les *damoiselles d'amour*.

La rue de la *Juiverie* dans la Cité , qui avait ce nom sous la dynastie mérovingienne, fut la première retraite des juifs, qui s'y maintinrent malgré les persécutions et y continuèrent leur commerce après la ruine de leur synagogue. Ils envoyèrent de là leurs colonies dans la rue des *Juifs* et la rue *Judas*, qu'ils n'abandonnèrent jamais entièrement , quelques rigueurs que les rois inventassent pour les expulser de France et anéantir leur race : ils se vengeaient de tous ces affronts en centuplant leurs usures.

Les rues affectées à la prostitution, que l'on entrevoit encore à travers les métamorphoses pudibondes de leurs noms, étaient la rue du *Petit-Musc* ou *Pute-y-Musse*, c'est-à-dire qui cache des filles ; les rues du *Grand* et du *Petit-Hurleur*, ainsi nommées à cause des bruyantes orgies qui s'y faisaient ; la rue *Transnonnain*, autrefois *Trousse-Nonnain* et *Trans-Putain ;* la rue *Tiron*, la rue du *Fauconnier ;* la rue *Trousse-Vache*, qui a conservé son ancien nom en dépit de celui de *La Reynie* que lui a imposé un scrupule de police ; la rue du *Pélican*, dont la République avait fait une rue *Purgée ;* la rue *Brise-Miche*, du *Bon-Puits*, de la *Vieille-Bouclerie*, *Chapon*,

Fromantel ou *Froimanteau*, et plusieurs autres dans lesquelles s'est perpétuée une sorte de tradition de débauche, malgré la perte de leur nom aussi expressif que l'enseigne du *Gros-Caillou* qui pendait à l'entrée d'un mauvais lieu, et qui a désigné depuis un quartier qu'on estime autant que s'il avait un saint pour patron.

Il ne reste plus que deux rues des *Vieilles-Étuves*, quoique les bains à la vapeur fussent autrefois d'un usage si journalier, même parmi le peuple, que la plupart des rues avaient des *étuves à femmes* et *à hommes*. Ces établissements, tenus par la corporation des barbiers, étaient ouverts en toute saison, matin et soir; on s'y rendait au cri de l'étuviste annonçant que les bains étaient chauds, et les plus pauvres gens ne s'en faisaient pas faute pour deux deniers. On a peine à comprendre cette propreté du corps, en même temps que cette saleté permanente des rues pleines de *fiens* et d'eaux croupies.

On distingue encore les rues qu'on fermait la nuit avec des portes ou des barrières : la rue de la *Barre*, intitulée depuis rue *Scipion*, trois rues des *Deux-Portes*, une des *Douze-Portes* et une des *Trois-Portes* attestent les anciens droits de leurs habitants qui se retiraient la nuit dans ces espèces de places fortes, où les voisins n'apportaient pas leur tribut d'immondices, où les gueux ne cherchaient point un asile, où les voleurs ne pénétraient pas aisément ; une rue était close par mesure de sûreté ou de salubrité publique, lorsque sa position reculée et mystérieuse invitait les passants à s'y arrêter, les larrons à s'y cacher.

La féodalité, qui avait mis les puits et les fours sous la haute main des seigneurs, taxant la cuisson du pain et l'eau des sources, n'existe plus que dans quelques noms de rues : celles du *Puits*, du *Puits-l'Ermite*, du *Puits-qui-parle*, du *Puits-Certain*, ne font désormais aucun tort aux porteurs d'eau ; et les boulangers ne vont pas exprès cuire leur fournée dans les rues du *Four-Saint-Germain* et du *Four-Saint-Honoré*. La Révolution, qui a détruit les châteaux, n'a pas laissé debout dans la rue Saint-Eloi le *four de madame Sainte-Aure*, où se cuisait tout le pain de la Cité sous le roi Dagobert.

Paris a été fortifié à diverses époques, depuis le siége de Jules-César jusqu'à celui de Henri IV ; des trois enceintes successives qui l'ont entouré pendant la domination romaine, sous Philippe-Auguste et sous Charles V, on retrouve à peine quelques pans de murs masqués de maçonnerie moderne, quelques tourelles enfouies dans les arrière-cours et les jardins ; mais on tracerait presque les limites de la dernière clôture en se guidant d'après les rues des *Fossés-Saint-Victor*, des *Fossés-Monsieur-le-Prince*, des *Fossés-Saint-Germain-l'Auxerrois*, des *Fossés-Montmartre*, des *Fossés-du-Temple*, de la *Contrescarpe*, du *Rempart*, etc. Qui est-ce qui salue, en traversant la rue *Traversière*, l'endroit même où la Pucelle d'Orléans, qui sondait avec sa lance l'eau du fossé dans l'espoir de passer jusqu'au mur avec les troupes de Charles VII, eut les deux cuisses percées d'un trait d'arbalète ?

Les rues qui prirent le nom d'une en-

3

seigne de boutique ou de maison (car la plupart des maisons eurent longtemps des enseignes avant le numérotage, qui ne remonte pas au delà du XVIIe siècle) n'ont rien conservé de ces enseignes célèbres que la bourgeoisie et la *marchandise* regardaient comme leurs armoiries: ce sont les rues de l'*Arbalète*, de l'*Arbre-Sec*, du *Battoir*, aux *Biches*, de la *Boule-Rouge*, de la *Calandre*, des *Canettes*, du *Chaudron*, de *Saint-Claude*, de la *Clef*, *Cloche-Perce* (ou Percée), du *Coq*, du *Cœur-Volant*, du *Cygne*, des *Cinq-Diamants*, de la *Croix-Blanche*, de l'*Écharpe*, des *Deux-Écus*, de l'*Épée-de-Bois*, du *Gril*, de la *Harpe*, de l'*Hirondelle*, de la *Huchette*, de la *Lanterne*, de la *Licorne*, du *Petit-Moine*, des *Oiseaux*, du *Paon*, de la *Perle*, de *Saint-Pierre*, des *Trois-Pistolets*, du *Plat-d'Étain*, des

Prêcheurs, des *Quatre-Fils-Aymon*, des *Rats*, du *Renard - Saint - Martin*, des *Champs*, du *Sabot*, de *Saint-Sébastien*, du *Trognon*, etc. La rue du *Cherche-Midi* avait une enseigne proverbiale représentant des gens qui cherchaient midi à quatorze heures, et la rue de la *Femme-sans-Tête* faisait injure aux femmes par cette devise ajoutée à son enseigne : *Tout en est bon.*

Quelques rues ont gardé des noms de fiefs et de maisons : celles *Cocatrix*, des *Trois-Canettes*, des *Ciseaux*, des *Coquilles*, de *Glatigny*, des *Fuseaux*, des *Marmousets*, *Salle-au-Comte*, etc.

D'autres tirent leurs noms d'une croix, d'une notre-dame, d'une image de saint : les rues *Vieille-Notre-Dame*, des *Deux-Anges*, du *Demi-Saint*, de *Saint-Jérôme*, du *Crucifix*, de la *Croix*, etc.

Certaines rues semblent rappeler la religion des druides, qui n'élevaient pas d'autres temples à leurs dieux Hésus et Teutatès que des pierres colossales, isolées ou superposées sans architecture : les rues de *Pierre-Assis*, de *Pierre-au-Lard*, de *Pierre-Lombard*, de *Pierre-Sarrasin*, de *Pet-au-Diable* (Pierre au Diable), ont peut-être vu debout ces cromlecs et ces dolmen, masses informes et grossières, que la superstition populaire des chrétiens attribuait au culte des fées et des esprits malfaisants.

Les hôtels des princes, des évêques et des seigneurs, ont donné leur nom aux rues où ils étaient situés, ou bien à celles qui furent ouvertes depuis sur leur emplacement : il suffit de citer les rues d'*Antin*, d'*Avignon*, *Barbette*, du *Bec*, des *Barres*, du *Petit-Bourbon*, de *Cléry*, de

Cluny, de *Condé*, de *Duras*, *Gaillon*, *Garancière*, de *Jouy*, *Lesdiguières*, *Neuve-du-Luxembourg*, de *Mâcon*; de *Mézières*, de *Montmorency*, de la *Reine-Blanche*, de *Rohan*, du *Roi-de-Sicile*, du *Temple*, de *Touraine*, des *Ursins*, etc.

Ici, les couvents et les communautés de femmes ont nommé les rues des *Anglaises*, des *Audriettes*, des *Capucines*, des *Carmélites*, des *Filles-Dieu*, des *Hospitalières*, des *Nonnandières* (Nonnains d'Hières), des *Ursulines*, etc. ; trois abbesses de l'abbaye de Montmartre ont été marraines des rues *Sainte-Anne*, *Bellefond* et *Rochechouart* ; la rue de la *Tour-des-Dames* s'est appelée ainsi d'un ancien moulin appartenant à cette fameuse abbaye.

Là les ordres monastiques masculins n'ont pas disparu tout entiers, puisque leurs noms sont restés aux rues des *Grands* et des *Petits-Augustins*, des *Barrés*, des *Blancs-Manteaux*, des *Bernardins*, des *Capucins*, des *Carmes*, des *Célestins*, des *Billettes*, des *Jacobins*, de l'*Observance*, des *Saints-Pères*, des *Petits-Pères*, des *Récollets*, etc.

Les noms de chapelles et d'églises, détruites ou encore existantes, sont encore nombreux: les rues *Sainte-Avoie*, *Saint-Benoît*, *Saint-Bon*, *Saint-Christophe*, *Sainte-Croix*, *Saint-Eustache*, *Saint-Gervais*, *Sainte-Geneviève*, *Saint-Hilaire*, *Saint-Honoré*, *Saint-Hippolyte*, *Saint-Jean-de-Latran*, *Jacob*, *Saint-Joseph*, *Saint-Julien-le-Pauvre*, *Saint-Lazare*, *Saint-Laurent*, *Saint-Paul*, *Saint-Landry*, *Saint-Leufroy*, *Saint-Louis*, *Saint-Magloire*, *Saint-Marcel*, *Sainte-Madeleine*, *Saint-Merry*, *Saint-*

Nicolas-du-Chardonnet, *Notre-Dame*, *Saint-Nicaise*, *Saint-Pierre-aux-Bœufs*, *Sainte-Opportune*, *Saint-Thomas-du-Louvre*, etc. Avant la Révolution, chapelles, églises et couvents poussaient des rejetons dans le fertile terroir de l'archevêché de Paris : la Cité comprenait seule quatorze paroisses. Que reste-t-il de tant d'édifices bâtis et enrichis par la dévotion des rois et des reines de France, respectés pendant des siècles, remplis de tombeaux et de poussières illustres, resplendissants des merveilles de l'art, peuplés de statues, rayonnants de vitraux et protégés par une auréole de miracles ? Que reste-t-il de tout cela aujourd'hui ? des noms de rues, de passages et de marchés !

Les particuliers qui ont laissé leurs noms aux rues qu'ils habitaient jadis n'avaient pas d'autre moyen de passer à la postérité : c'étaient des marchands, des propriétaires, des échevins, des magistrats, de dignes bourgeois ayant pignon sur rue, notables de leur confrérie et bienfaiteurs de leur paroisse ; ainsi, depuis deux, trois et quatre siècles, ces bourgeois, dont le seul mérite fut peut-être une grande fortune, ont pour épitaphe le nom des rues de *l'Anglade*, *Baillet*, *Baillfi*, *Barouillère*, *Bertin-Poirée* (Bertier Porée), *Bordet* (Bordelles), *Coquillière, Courtalon, Dervillé, Frépillon, Geoffroy-l'Anier*, *Gît-le-Cœur* (Gilles le Queux), *Gracieuse, Grenelle* (Quesnelles), *Grenier-sur-l'Eau* (Garnier), *Guillaume, Guillemin, Jean-Lantier, Jean-Beau-Sire, Jean-Hubert, Jean-Pain-Mollet, Jean-Robert, Jean-Tison, Joquelet*, des *Maçons* (Masson), de la *Mortellerie* (le Mortellier), *Pagevin*,

Pastourel, *Portefoin* (Portefin), *Quin-campoix* (Kiquenpoit), du *Renard* Saint-Denis, *Simon-le-Franc* (Franque), *Scipion* (Scipion Sardini), *Soly*, *Taranne*, *Thibautodé* (Thibaut Audet), *Triperet* (Tripelet), de *Versailles* (Verseille), etc.

Ce sont des marchands qui ont nommé les rues de l'*Arche-Marion*, *Aubry-le-Boucher*, *Jean-de-Beauce*, *Charlot*, du *Mouton*, *Tiquetonne*, etc.; la rue de *Lappe* porte le nom d'un jardinier, et la rue *Saint-Jean-de-Beauvais* celui d'un libraire.

Des officiers de la ville ont nommé les rues d'*Albiac*, *Boucher*, de *Fourcy*, *Mercier*, *Thévenot*, etc., des officiers du parlement et du roi, les rues *Bailleul*, *Béthizy*, *Férou*, *Jean-de-l'Épine*, *Meslay*, *Montigny*, de *La Planche*, *Popincourt*, etc.

Dans le siècle dernier et dans celui-ci,

cette méthode d'appliquer un nom d'homme à une rue atteste le désir de remplacer au moins un monument par un souvenir qui pût braver le marteau et le temps. On s'est attaché à signaler les lieux marqués par le passage du génie en tous genres: on détruisait un hôtel, une église, un couvent; on ne conservait qu'une pierre pour y graver un nom.

L'abbaye de Saint-Germain-des-Prés a disparu, mais à sa place les rues *Félibien*, *Lobineau*, *Clément*, *Sainte-Marthe* et *Montfaucon* nous parlent des travaux immortels des bénédictins; la vieille basilique de Sainte-Geneviève est tombée, mais les rues *Clovis* et *Clotilde* nous empêchent de fouler sa cendre sans revenir par la pensée à l'époque de sa fondation.

Construisait-on un théâtre de tragédie et de comédie? les rues *Molière*, *Voltaire*,

Racine, *Corneille*, *Regnard* et *Crébillon* naissaient à ses côtés. Était-ce une salle d'opéra comique ? les rues voisines recevaient les noms de *Favart*, *Grétry*, *Lully*, *Marivaux* et *Rameau*.

Autour de la cathédrale, les rues *Bossuet* et *Massillon* survivent au cloître Notre-Dame qui, en s'écroulant, n'a pas renversé ces grands piliers de l'église.

Voici des familles nobles et anciennes : rues d'*Aligre*, d'*Aumont*, *Ventadour*, de *Vendôme*, de *Breteuil*, de *Choiseul*, de *Grammont*, de *Guémené*, *Matignon*, de *Ménars*, de *Miroménil*, de la *Sourdière*, etc. Voici des ministres et des chanceliers de France : rues d'*Aguesseau*, de *Birague*, *Boucherat*, de *Harlay*, de *Lamoignon*, *Richelieu*, *Mazarine*, *Necker*, etc.

Voilà des lieutenants et des préfets de

police, des prévôts des marchands et des maires de Paris : rues d'*Argenson*, *Bailly*, *Bignon*, *Chabrol*, *Saint-Florentin*, *Guénégaud*, de la *Michodière*, de *Sartines*, de *Varennes*, de *Viarmes*, etc. Voilà des savants et des philosophes : rues *Buffon*, *Cassini*, *Descartes*, *Vaucanson*, *Montgolfier*, *Franklin*, *Montesquieu*, *Montaigne*, *J.-J. Rousseau*, etc. Voilà des artistes : rues *Pierre-Lescot*, *Jean-Goujon*, *Pigale*, *Soufflot*, etc.

Toutes ces rues ne datent pas d'un siècle ; quelques-unes seraient magnifiques si elles avaient des maisons.

Quant aux rues nées en même temps que les enfants des rois, elles sont peu nombreuses : la plus ancienne est la rue *Françoise*, qui remonte à François Ier ; les rues *Christine*, d'*Anjou-Dauphine*, *Dauphine*, datent du règne de Henri IV ;

les rues *Palatine* et *Thérèse*, du règne de Louis XIV ; les deux rues *Royale*,
du *Dauphin*, de *Valois*, du règne de
Louis XV et Louis XVI, etc., etc. On a
vu que dans les changements de dynastie
le nom du roi déchu cédait la place à celui du nouveau roi sur l'écriteau d'une
rue, de même que sur les monnaies et
dans le calendrier.

Louis XIV aimait à retrouver les pro-
vinces de son royaume dans les rues de
sa capitale, surtout dans le quartier du
Marais que son aïeul avait commencé, et
qu'il acheva de bâtir en s'occupant du
nettoyage de-toutes les rues de la capitale, mesure de police tellement négligée
jusqu'alors, que la boue de Paris était
passée en proverbe : le dix-septième siècle entendit nommer les rues d'*Angoulême* (Angoumois), d'*Anjou*, d'*Artois*, de

Beaujolais, de *Berry*, de *Forez*, de *Bourgogne*, de *Beauce*, de *Bretagne*, de *Limoges*, du *Perche*, de *Poitou*, de *Saintonge*, etc., etc.

Un grand nombre de rues conservent le nom du territoire qu'elles ont traversé; les rues *Beaubourg*, *Bourg-l'Abbé*, *Bourtibourg* (Bourg Thiboud), *Boutebrie* (Bourg de Brie), de la *Ville-l'Evêque*, désignent des petits hameaux anciennement séparés de la ville; les rues du *Champ-de-l'Alouette*, *Beaurepaire*, *Beauregard*, *Belle-Chasse*, *Carême-Prenant*, *Copeau*, *Culture-Sainte-Catherine*, des *Petits-Champs*, de la *Ferme-des-Mathurins*, de la *Folie-Regnault*, de la *Folie-Méricourt*, *Grange-Batelière*, *Galande* (Garlande), de *Long-Pont*, de l'*Oursine*, de *Marivault* (Marivas), *Perrin-Gasselin*, de la *Roquette*, de *Courcelles*, etc., ont pris leurs noms de terres cultivées en vigne ou en prés, de fiefs nobles et roturiers attirés successivement dans l'immense rayon de Paris. Les rues d'*Argenteuil*, de *Picpus*, de *Surênes*, de *Neuilly*, de *Sèvres*, du *Roule*, etc., étaient les chemins qui conduisaient à ces villages.

Il y a une foule de noms que l'usage populaire a fait prévaloir ; les rues du *Chemin-Vert*, des *Noyers*, des *Figuiers*, des *Saussaies*, des *Amandiers*, des *Acacias*, des *Lilas*, des *Ormeaux*, du *Poirier*, du *Sentier*, des *Trois-Bornes*, de la *Bourbe*, du *Jardinet*, des *Marais*, etc., nous donnent presque une description de leur état primitif. Les rues portant des noms de colléges supprimés sont les rues d'*Arras*, des *Bons-Enfants*, des *Chollets*, des *Irlandais*, de la *Marche*, de *Reims*, de *Rethel*, etc. Celles ayant des noms d'hôpitaux sont les rues des *Enfants-Rouges*, de la *Santé*, de la *Trinité*, des *Capucins*, de la *Charité*, etc.

Parmi les rues dont le nom s'est le plus éloigné de sa source, il faut citer les rues *Saint-André-des-Arts* (de Laas), des *Grès* (des Grecs), *Cassette* (Cassel), *Courbaton* (Col de Bacon), aux *Ours* (Oues, oies), aux *Fers* (Fèvres, *Fabri* (ouvriers), de la *Jussienne* (l'Égyptienne), des *Jeûneurs* (Jeux-neufs), du *Jour* (Séjour et maison de plaisance de Charles V), de *Perpignan* (Pampignon), des *Ecouffes* (Écoufles, oiseaux de proie), des *Postes* (Pots), etc. Le seigneur Caritidès, dans Molière, demande au roi l'inspection générale des enseignes de Paris ; quelque savant moins grec que français ne manquerait pas de travail pour corriger les noms de rues barbares et inintelligibles.

Les anciens lieux de supplice en ont
retenu les noms : on pendait dans la rue
de l'*Échelle ;* on donnait l'estrapade dans
la rue de l'*Estrapade ;* on faisait bouillir
dans l'huile les faux monnayeurs rue du
Bouloy et rue de l'*Échaudé ;* on perçait
les langues et on coupait les oreilles dans
la rue *Guillory* (Guigne-oreille); on écar-
telait à la *Croix-du-Trahoir.*

La rue du *Mail* et la rue des *Poulies*
doivent leurs noms à ces jeux qui furent
longtemps en vogue, et dont le second
nous est inconnu.

Dans la rue du *Chevalier-du-Guet* demeurait ce chef du guet à pied et à cheval,
assis et *dormant ;* dans la rue *Aumaire,*
siégeait le maire ou juge de Saint-Mar-
tin-des-Champs.

La rue de l'*Université* se nomme ainsi
à cause de sa construction dans le Pré-

aux-Clercs, qui appartenait à l'université;
la rue du *Fouarre*, où étaient les écoles
des Quatre-Nations, garde quelque chose
du *Feurre* ou paille qui la jonchait pour
faire une litière aux écoliers.

Les hôtels royaux de Saint-Paul et des
Tournelles sont encore représentés par
les rues *Saint-Paul* et des *Tournelles*,
des *Jardins*, de la *Cerisaie*, *Beautreillis*,
des *Lions*, du *Parc-Royal*, du *Foin*, etc.
On croit, à ces noms seuls, voir ces deux
châteaux embrassant une vaste étendue
de terrain dans leur clôture hérissée de
tours rondes et carrées, contenant chacun
plusieurs grands hôtels, avec des parcs,
des vergers, des treilles, des ménageries
et des jardins que les rois de France cul-
tivaient de leurs mains.

La rue *Censier* était d'abord un cul-de-
sac ou *sans chef*: de là son nom; la rue

aux *Fèves* se nommait anciennement rue
au *Fèvre*, parce que saint Éloi, ministre
et orfèvre du roi Dagobert, y avait logé,
ou du moins y avait eu sa forge.

Le nom de la rue du *Ponceau* vient d'un
petit pont jeté sur un égout qui coulait à
travers la rue Saint-Denis; le nom de la
rue de la *Planche-Mibray*, d'un pont de
planches sur lequel on passait le *mi-bras*
de la Seine. Dans la rue du *Haut-Moulin*,
il y eut un moulin à eau; et dans la rue
des *Moulins*, sur la butte Saint-Roch, des
moulins à vent.

La rue des *Martyrs* est la route que
suivirent saint Denis et saint Éleuthère
pour aller se faire trancher la tête à Montmartre, si toutefois ils y allèrent jamais;
la rue du *Martroy* (*martyrium*), qui con-
duit à la Grève, atteste les exécutions
dont cette place fut le théâtre jusqu'à ce

que le peuple l'eût conquise sur le bour-
reau en juillet 1830.

Dans la rue de *Jérusalem*, s'arrêtaient
les pèlerins partant pour la Terre-Sainte
ou en revenant : dans la rue des *Fron-
deurs*, la Fronde commença les barrica-
des du 16 août 1648 ; dans la rue *Haute-
feuille*, on vendait les feuillées vertes qui
tapissaient en été les salles des gens ri-
ches ; dans la rue des *Arcis*, les maisons
furent *arses* ou brûlées par les Normands
qui assiégèrent Paris ; dans les trois rues
des *Francs-Bourgeois*, on ne levait aucune taxe sur les bourgeois ; dans la rue
des *Orfèvres*, ce corps de métier avait
sa chapelle et son hôpital ; dans la rue
d'*Enfer*, le diable s'était, dit-on, emparé
du château de Vauvert, d'où le chassè-
rent les pères chartreux, du temps de
saint Louis.

La rue de la *Saunerie* doit son nom aux sauniers ou marchands de sel ; la rue de l'*Aiguillerie*, aux cordonnières qui cousaient les *petits souliers de basane* ; la rue de la *Bûcherie*, au port aux bûches; la rue des *Prouvaires*, aux prêtres (provoires) de Saint-Eustache; la rue des *Gobelins*, aux farfadets qu'on appelle ainsi et qui fréquentaient les environs ; la rue *Poissonnière*, aux arrivages du poisson de mer; la rue des *Grands-Degrés*, à un escalier menant au bord de l'eau ; la rue du *Colombier*, au colombier abbatial de Saint-Germain-des-Prés ; la rue *Clopin*, à la rapidité périlleuse de sa pente ; la rue *Serpente*, à ses replis de serpent ; la rue de *Seine*, à un ruisseau, à présent desséché, nommé la Petite-Seine ; la rue des *Sept-Voies*, aux sept rues qui viennent y aboutir ; les rues de la *Monnaie* et de la *Vieille-Monnaie*, aux vieux hôtels des monnaies ; les rues du *Plâtre*, à d'anciennes plâtrières ; la rue du *Marché-Palu*, au sol marécageux (palus) du marché qui s'y tenait dès les premiers temps de Lutèce ; la rue des *Lombards*, aux banquiers juifs déguisés sous le titre de Lombards ; la rue du *Bac*, au bac qui servait à traverser la rivière en cet endroit avant la construction du pont Royal, etc.

Enfin, les rues dont le séjour était désagréable et le passage dangereux à cause des mœurs de leurs habitants, ne se recommandent guère davantage par leurs noms actuels : les *truands*, les gueux et les gens de la *Vallée-de-Misère* occupaient la rue de la *Truanderie* ; les narquois, ou gens de l'argot, la rue des *Mauvaises-Paroles* ; les tireurs de laine, la rue *Tirechape*; les larrons et meurtriers,

les rues des *Mauvais-Garçons*, *Maucon-*
seil, *Mondétour* (Mau détour), etc.

Ainsi, en cet âge de naïveté où les ar-
gotiers avaient néanmoins inventé tant
de ruses contre la bourse et la vie des
honnêtes gens, ces rues-là ne trompaient
personne. Il est vrai que les patrouilles
du guet étaient fort rares et fort peureu-
ses ; que les rues étaient à peine éclairées
par quelques lampes brûlant devant des
notres-dames, et que le couvre-feu rendait la ville plus déserte qu'un bois : sous
le règne du *grand roi*, on assassinait encore toutes les nuits dans Paris et même
devant le Louvre ; mais un nom de rue
tenait lieu de police et de réverbères ; un
nom de rue mettait en fuite une compagnie de garde bourgeoise.

Ce fut sans doute pour aguerrir les
Parisiens avec la guerre et les victoires

que Napoléon baptisa, avec son épée, les rues de *Damiette*, d'*Arcole*, des *Batailles*, du *Pont-de-Lodi*, du *Mont-Thabor*, de *Marengo*, d'*Ulm*, du *Caire*, etc. Napoléon, qui aurait voulu que le bâton de maréchal de France devînt le bâton de vieillesse de tous ses soldats, appendit comme des trophées les noms de ses généraux à des rues où devait surgir pour ses desseins une génération militaire ; les rues de *Castiglione*, de *Rivoli*, *Desaix*, *Kléber*, etc., sont aussi retentissantes de sa gloire que le bronze de la Colonne.

La Restauration ne débaptisa pas ces rues, mais elle leur opposa les rues *Bayard*, de *Poitiers*, *Neuve-d'Angoulême*, *Neuve-de-Berry*, de *Ponthieu*, *Madame*, etc. comme pour faire un appel aux illusions de la monarchie de quatorze

siècles : la courtisanerie tenait les rues sur
les fonts. La rue *Charles X* n'est plus
qu'une ombre, mais on projette déjà la
rue *Louis-Philippe* sur les ruines de
Saint-Germain-l'Auxerrois!

Cependant les entrepreneurs, propriétaires, architectes et agioteurs s'étaient
approprié des rues tracées à leurs frais,
au milieu des préoccupations sanglantes,
victorieuses et jésuitiques de la Restauration, de l'Empire et de la République :
on vit, sans y prendre garde, s'établir les
rues *Borda*, *Bourdon*, *Buffault*, *Cadet*,
Caumartin, *Chauchat*, *Duphot*, *Dupont*,
Étienne, *Lacuée*, *Lacaille*, *Papillon*,
Richer, et vingt autres bien alignées,
bien pavées, bien bâties, [mais dont les
noms ressemblent à une liste électorale.

L'histoire morale et physique de Paris
est liée à celle de ses rues ; on doit étu-

dier leurs noms modifiés par la routine, réformés par arrêté municipal, changés par les événements, comme une langue morte qui se corrompt, qui se perd de jour en jour, et qui n'aura bientôt plus un seul interprète.

LE BIBLIOPHILE JACOB.

NOTES ET RENSEIGNEMENTS
CURIEUX ET UTILES.

—————♦—————

L'origine de la nation parisienne est inconnue ; on lui en a cependant composé une des plus illustres ; on prétend que la ville de Paris fut fondée par un prince échappé au sac de Troie, par Francus, fils d'Hector, qui, devenu roi de la Gaule, après avoir bâti la ville de Troyes en Champagne, vint fonder celle des Parisiens, et lui donna le nom du beau Pâris son oncle.

L'histoire sérieuse repousse ces chimères, et donne à Paris une origine plus simple.

Il paraît que la nation des Parisii ou Parisiens se composait d'étrangers, peut-être originaires de la Belgique, si abondante en petits peuples.

Les Parisii ou Parisiens obtinrent de la puissante nation des Sénones la permission de s'établir sur les bords de la Seine ; un demi-siècle s'était à peine écoulé depuis cet établissement lorsque César vint dans les Gaules.

C'est en l'an 700 de la fondation de Rome, ou cinquante-quatre ans avant notre ère vulgaire, que la nation des Parisii ou Parisiens figure pour la première fois sur la scène historique.

Les Parisiens avaient donné le nom de Lutèce à l'une des cinq îles formées par la Seine sur leur territoire, où se trouvait leur place de guerre ; cette île est celle que l'on nomme aujourd'hui Cité.

Lutèce ou Lutetia est tiré du mot latin *lutum*, boue ;

ce nom était des mieux appliqués, car alors la ville n'é-
tait point pavée.

C'est en 358 que la forteresse des Parisiens a quitté
son nom primitif de Lutèce pour prendre celui de Parisii. Voici à quelle occasion.

Des barbares d'outre-Rhin, pendant plusieurs années, avaient par des pillages et des incendies presque
entièrement ruiné une partie de la Gaule, et surtout
désorganisé son gouvernement. Le César Julien, en-
voyé exprès dans la Gaule pour les faire cesser, y par-
vint en 356. Ce prince substitua alors à l'ordre ancien
un nouveau plan d'administration; les institutions de la
cité, c'est-à-dire de la nation, furent concentrées dans son
chef-lieu, qui reçut alors le titre de cité, et de plus, le
nom de la nation; Lutèce, le chef-lieu des Parisiens, ainsi
que tous les chefs-lieux non privilégiés, perdit son nom
primitif et fut appelé Parisii.

Paris est arrosé par deux rivières, la Seine et la Bièvre,
et par un canal. Ses faubourgs l'étaient aussi par deux
ruisseaux : le premier, partant de Ménilmontant, après
avoir coulé à travers les faubourgs Saint-Martin, Saint-
Denis, et passé derrière la rue Grange-Batelière, allait
se jeter dans la Seine sur le quai de Billy, au bas de
Chaillot; une partie de son lit, qui existe encore, forme ce qu'on appelle le grand égout; on attribuait à
l'écoulement souterrain de ce ruisseau les inondations
qui se manifestaient dans les caves des quartiers sep-
tentrionaux de Paris; de grands travaux ont été entre-
pris en 1836, et ces accidents ne se renouvellent plus.

L'autre ruisseau, venant des coteaux de Bagnolet et
de Montreuil, a creusé ce qu'on appelle la vallée de
Fécamp, dont une partie de la rue de Charenton a

longtemps porté le nom. C'est la partie située entre la rue de Reuilly et la rue Mongalet : les eaux de ce ruisseau se jetaient dans la Seine près du Petit-Bercy.

La Seine traverse Paris dans une direction du sud-est au nord-ouest. Son développement, depuis la barrière de la Rapée jusqu'à celle de Passy, est de 7,961 mètres, environ deux lieues de poste.

La Seine divise Paris en deux parties inégales ; elle est divisée elle-même par trois îles (qui autrefois en formaient cinq) : l'île Louvier, l'île Saint-Louis et celle de la Cité.

Les recettes de la ville de Paris sont d'environ 45 millions par année, sur lesquels le Trésor prélève 10 millions. La grande voirie ou plutôt l'entretien des rues coûte environ 132 mille francs.

Paris a 21,000 mètres de tour (environ 5 lieues et demie. Il y a 58 entrées.

Paris renferme dans son enceinte 3,450 hectares, et une population de plus de 900,000 âmes.

Les fortifications votées par les Chambres en 1841, et immédiatement commencées, réunissent à Paris : Auteuil, — Passy, — Sablonville, — Les Ternes, — Batignolles-Monceaux, — Montmartre, — Clignancourt, — La Chapelle, — La Villette, — les Prés Saint-Gervais, — Belleville, — Ménilmontant, — Charonne, — Saint-Mandé, — Grande-Pinte, — Bercy, — Petit-Montrouge, — Vaugirard, — Beau-Grenelle.

Paris, chef-lieu du département de la Seine, résidence du gouvernement, est divisé en 12 arrondissements et 48 quartiers.

ARRONDIS-SEMENTS.	DÉSIGNATION DES QUARTIERS.	NOMBRE de rues.	NOMBRE de maisons.	NOMBRE d'habitants
1er.	Du Roule............	37	660	14,578
	Des Champs-Elysées...	42	610	7,400
	De la place Vendôme...	26	580	15,990
	Des Tuileries.........	22	280	8,000
2e.	De la Chaussée-d'Antin.	33	260	13,000
	Du Palais-Royal.......	40	700	22,000
	Feydeau	34	500	15,000
	Du Faub.-Montmartre..	25	550	15,000
3e.	Du Faub.-Poissonnière.	25	400	11,100
	Montmartre..........	14	375	9,419
	Saint-Eustache.......	10	332	10,600
	Du Mail.............	18	340	9,980
4e.	Saint-Honoré	20	510	11,400
	Du Louvre...........	26	525	12,100
	Des Marchés	31	545	11,200
	De la Banque-de-France.	21	460	11,100
5e.	Du Faubourg-.S-.Denis.	18	340	13,000
	De la Porte-Saint-Martin.	29	520	16,700
	Bonne-Nouvelle.......	23	500	13,420
	Montorgueil..........	22	544	14,600
6e.	De la Porte-Saint-Denis.	10	520	16,700
	Saint-Martin-des-Champs	28	340	25,000
	Des Lombards........	24	625	15,500
	Du Temple...........	21	650	14,200
7e.	Sainte-Avoie	23	770	17,740
	Du Mont-de-Piété.....	30	630	13,200
	Du Marché-Saint-Jean..	26	630	13,200
	Des Arcis...........	27	500	11,200
8e.	Du Marais	42	680	16,870
	Popincourt	21	540	10,900
	Du Faubourg-S.-Antoine	12	510	14,100
	Des Quinze-Vingts.....	36	800	16,300
	A reporter....	804	16,826	450,480

ARRONDISSEMENTS.	DÉSIGNATION DES QUARTIERS.	NOMBRE de rues.	NOMBRE de maisons	NOMBRE d'habitants
	Report......	804	16,826	450,480
9e.	De l'Ile-Saint-Louis.....	7	240	5,700
	De l'Hôtel-de-Ville.....	28	460	12,600
	De la Cité............	32	450	11,600
	De l'Arsenal..........	23	480	11,000
10e.	De la Monnaie.........	32	750	21,500
	Saint-Thomas-d'Aquin..	30	645	10,800
	Des Invalides.........	42	540	12,200
	Du Faub.-Saint-Germain	16	590	15,500
11e.	Du Luxembourg.......	46	720	16,700
	De l'Ecole-de-Médecine.	40	700	14,850
	De la Sorbonne.......	26	550	12,700
	Du Palais-de-Justice...	6	200	3,300
12e.	Saint-Jacques........	41	980	23,850
	Saint-Marcel..........	54	815	11,200
	Du Jardin-du-Roi......	36	750	15,800
	De l'Observatoire......	36	760	15,700
	TOTAL.......	1,299	26,456	674,480

Paris contient

1299 rues.
43 avenues et allées.
68 barrières.
21 boulevards.
33 carrefours.
49 chemins de rondes.
139 impasses.

240 passages, cours et galeries.
100 places.
28 ponts.
14 ports.
35 quais.

En tout 2,059 voies de communication, où se trouvent 26,456 maisons contenant 674,480 habitants, non compris les étrangers et les troupes en garnison.

Paris possède

6 académies.	44 marchés et halles.
14 bibliothèques publiques.	50 monuments remarquables.
7 collèges royaux.	11 musées.
5 cimetières.	10 promenades principales.
20 églises.	
24 hôpitaux.	22 théâtres.

Plus de 700 fontaines, dont le nombre sera bientôt doublé, fournissent aux besoins des habitants et entretiennent la propreté des rues par une distribution abondante des eaux de la Seine, d'Arcueil, des Prés-Saint-Gervais, et de celles de l'Ourcq.

C'est le 16 janvier 1728 qu'on a placé les premières inscriptions au coin de chaque rue.

L'ordre de numérotage a été établi par l'administration municipale en 1806.

Les rues de Paris se divisent, suivant leur direction, en rues parallèles et en rues perpendiculaires à la Seine.

Le numérotage des maisons suit, pour les rues parallèles, le cours de la rivière ; celui des rues perpendiculaires commence du côté et à partir de la rive de la Seine.

Les numéros pairs sont inscrits à droite, et les numéros impairs à gauche.

Les numéros des rues parallèles sont rouges, et ceux des rues perpendiculaires sont noirs.

Ainsi, lorsque l'on a à sa droite un numéro noir et impair, on se dirige vers la Seine ; si l'on a à sa droite un numéro rouge et pair, on suit le cours de la rivière.

FIN.

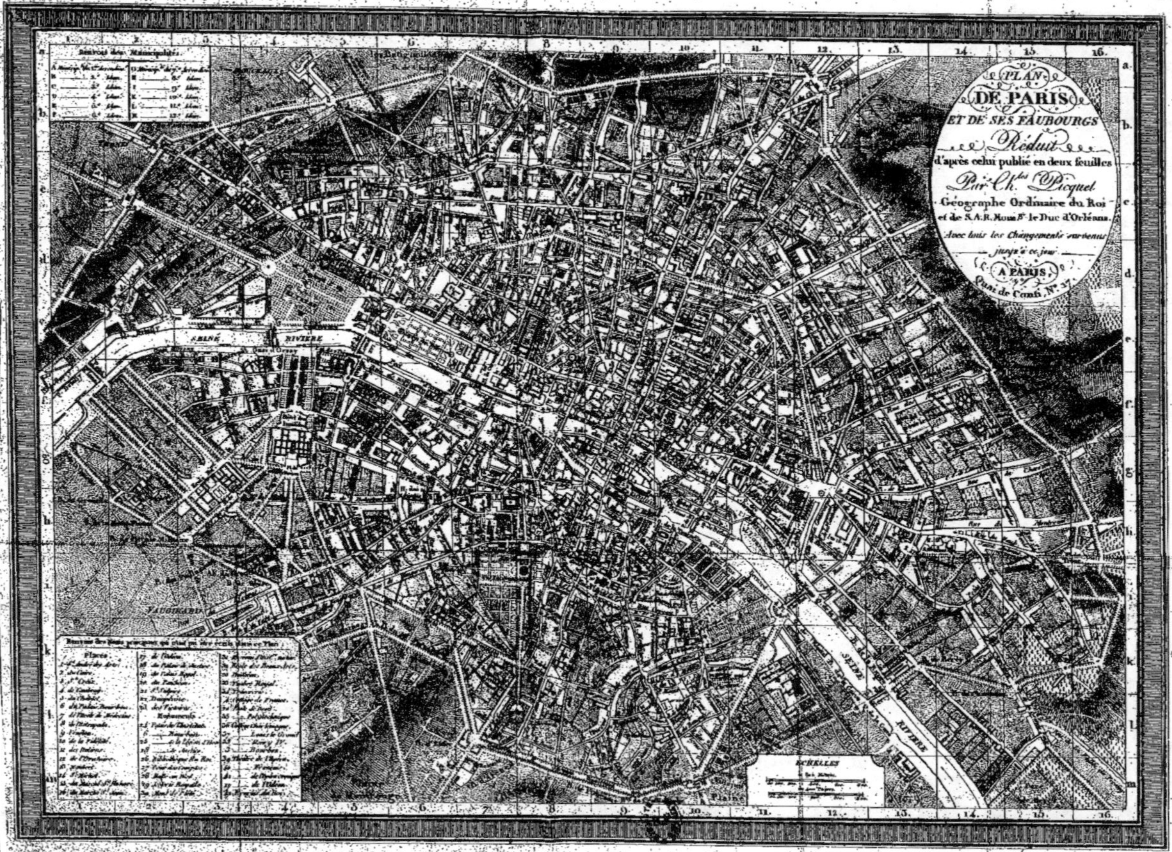
PLAN
DE PARIS
ET DE SES FAUBOURGS
Réduit
d'après celui publié en deux feuilles
Par Ch.les Picquet
Géographe Ordinaire du Roi
et de S.A.R. Monsg.r le Duc d'Orléans.
Avec tous les Changements survenus
jusqu'à ce jour.
A PARIS
Quai de Conti, N.° 17.
SEINE
RIVIERE
ECHELLES

Plan DE PARIS ET DE SES FAUBOURGS

www.ingramcontent.com/pod-product-compliance
Lightning Source LLC
LaVergne TN
LVHW022026080426
835513LV00009B/889